BEI GRIN MACHT SICH IHR WISSEN BEZAHLT

- Wir veröffentlichen Ihre Hausarbeit, Bachelor- und Masterarbeit

- Ihr eigenes eBook und Buch - weltweit in allen wichtigen Shops

- Verdienen Sie an jedem Verkauf

Jetzt bei www.GRIN.com hochladen und kostenlos publizieren

Digitalisierung und ihr Einfluss auf die Klimakrise

Christopher Knoll

Bibliografische Information der Deutschen Nationalbibliothek:

Die Deutsche Nationalbibliothek verzeichnet diese Publikation in der Deutschen Nationalbibliografie; detaillierte bibliografische Daten sind im Internet über http://dnb.d-nb.de abrufbar.

ISBN: 9783346740489
Dieses Buch ist auch als E-Book erhältlich.

© GRIN Publishing GmbH
Nymphenburger Straße 86
80636 München

Druck und Bindung: Books on Demand GmbH, Norderstedt Germany
Gedruckt auf säurefreiem Papier aus verantwortungsvollen Quellen

Das Buch bei GRIN: https://www.grin.com/document/1255402

Inhaltsverzeichnis

I. Hinweis zur gendergerechten Sprache

Aus Gründen der besseren Lesbarkeit wird bei Personenbezeichnungen und personenbezogenen Hauptwörtern in dieser wissenschaftlichen Arbeit die männliche Form verwendet. Entsprechende Begriffe gelten im Sinne der Gleichbehandlung grundsätzlich für alle Geschlechter. Die verkürzte Sprachform hat nur redaktionelle Gründe und beinhaltet keine Wertung.

II. Abbildungsverzeichnis

III. Abkürzungsverzeichnis

c.a   circa

CH4   Methan

CO_2 Kohlenstoffdioxid

et al.   et alii

ff.   fortfolgend

IKT   Informations/- und Kommunikationstechnologien

KI   Künstliche Intelligenz

Mio.   Millionen

N2O   Lachgas

Std.   Stunden

S.   Seite

THG   Treibhausgas

u.a   unter anderem

vgl.   vergleiche

z.B.   zum Beispiel

1. Einleitung

1.1 Darstellung der Relevanz des Themas

Seit Mitte der 1980er Jahre gaben Meteorologen Prognosen für Klimakatastrophen ab, die alle Regionen, Nationen und Bevölkerungsschichten gleichermaßen betreffen werden. Um das von Menschen verursachten Voranschreiten des Treibhauseffekts, Einhalt zu gebieten, benötigt es eine Eindeutige International internationale Ordnung im 21. Jahrhundert (vgl. Smit et al. 1999, S. 203 ff.). Ein Großteil der Klimaforscher, sowie der Weltklimarat warnen vor den globalen Veränderungen im Klima mit voranschreitender Erderwärmung und deren Folgen. Diese Entwicklungen können selbst durch zielführende Maßnahmen heute nicht mehr rückgängig gemacht werden. Es bleibt jedoch die Zuversicht, durch Gegenmaßnahmen das Voranschreiten einzudämmen und gar aufzuhalten. Dafür bedarf es jedoch eine Realisierung ambitionierter Reduktionsziele des CO_2 (Kohlendioxid-Ausstoßes). Seit 1980 verzeichnet der Weltklimarat einen Temperaturanstieg von rund 0,5° C. Dieser Anstieg wird dem Einfluss der Menschheit anstatt natürlichen Naturveränderungen zugeschrieben. So wird durch die Verarbeitung von fossilen Brennstoffen und der Abholzung von Wäldern der CO_2 Ausstoß jährlich stark erhöht. Dazu kommen Eingriffe in die Natur, wie dem unverhältnismäßigen Betrieb von landwirtschaftlichen Flächen und Viehhaltung, die zu Ausstoßen von CH4 (Methan) und N2O (Lachgas) führen. Diese Gase sind verantwortlich dafür, dass die durchschnittliche Temperatur auf der Erdoberflache ansteigt. Dieser Effekt wird auch Treibhauseffekt genannt (vgl. Birkmann et al. 2013, S. 22).

Die Eingriffe der Menschheit in das Ökosystem des Planeten führen zu weltweit beobachtbaren Veränderungen, wie dem Rückgang von Gebirgsgletschern, steigenden Trockenphasen, eine steigende Anzahl von Unwetterkatastrophen und dem Anstieg des Meeresspiegels. Bis zum Jahre 2100 rechnen Experten mit einem weiteren Anstieg der Erderwärmung zwischen 1,5 bis 5,4 °C seit dem Beginn der industriellen Revolution. Ein Einschränken des fortlaufenden Temperaturanstiegs ist nur durch eine internationalen gemeinsamen Klimaschutzpolitik möglich. (vgl. Brauch 1996, S. 317).

1.2 Aufbau und Ziel der Arbeit

Im Rahmen dieser Seminararbeit wird der Einfluss der Digitalisierung auf den Klimawandel vorgestellt. Dabei werden sowohl die Chancen und Stärken als auch Risiken und Schwächen der Digitalisierung in Bezug auf den Klimawandel diskutiert. Im nachfolgenden Hauptteil der Arbeit werden in den Kapiteln 2 und 3notwendige Begrifflichkeiten der Klimakrise und der Digitalisierung erläutert. In Kapitel 4 folgt eine Auseinandersetzung mit den Themengebieten. Das Kapitel 5 bildet eine Zusammenfassung, sowie Fazit der erworbenen Erkenntnisse.

2. Erläuterung der Klimakrise

2.1. Entwicklungen des voranschreitenden Klimawandels

Unter dem Begriff Klima versteht man neben anderen Definitionen eine Zusammenfassung aller Wettergeschehen, die ein Mittel des Zustandes der Atmosphäre an einem Ort, einem Gebiet, oder des vollständigen Planeten bilden. Das Wort Klima stammt aus dem griechischen Wort „klimatos" und bedeutet übersetzt „Neigung", was sich auf die Neigung der Erdachse bezieht. Um die Situation und Veränderungen des Klimas zu definieren, wird ein Betrachtungszeitraum von 30 Jahren festgelegt, welcher als Normalperiode betrachtet werden kann. In einer Normalperiode werden Informationen zur Beurteilung des Klimas gesammelt. Dazu gehören z.B. Mittelwerte, Extremwerte, Andauer Werte und Häufigkeiten. (vgl. Häckel 2016, 18ff.)

Der Klimawandel beschreibt eine Veränderung des gesamten Klimas auf dem Planeten. Weiterhin spricht man von einem anthropogene Klimawandel, auch Klimaänderung genannt, wenn dieser durch den Einfluss der Menschen beeinflusst wird. Die in der Einleitung vorgestellten Treibhausgase (THG) wie CO_2, lassen das Sonnenlicht durch die Atmosphäre hindurch, verhindern aber, dass die Wärme die Atmosphäre verlässt – dies ist auch als Treibhauseffekt bekannt. THG sind wichtig, um die Erde warm zu halten, ohne sie hätte die Erde eine Durchschnittstemperatur von etwa -17°C. Durch einen übermäßigen Anstieg des Treibhauseffekts steigt die Temperatur über den positiven Effekt hinweg stetig an. Mit der immer fortlaufenden Klimaveränderung kann eine Vielzahl an Veränderungen auf dem Planeten beobachtet werden (vgl. Häckel 2016, S. 20).

2.2 Ursachen und Folgen des Klimawandels

Die Länder der Welt geben unterschiedliche Mengen an Treibhausgasen in die Atmosphäre ab. Als weltweiter Indikator und Richtlinie für die Treibhausgase wird der CO_2 -Ausstoß verwendet. Die Gesamthöhe der Emissionen in einem Land lässt sich durch die Bevölkerungszahl, das BIP, den Energiemix und andere Faktoren erklären. Im Jahr 2017 erreichten die weltweiten Kohlendioxidemissionen aus der Verbrennung von Brennstoffen nach Angaben der Internationalen Energieagentur 32,8 Milliarden Tonnen. (vgl. Oluyomi A. et al 2020, S. 2) China, der größte Verursacher, war für 28 % dieser Emissionen verantwortlich, gefolgt von den Vereinigten Staaten (14 %), der Europäischen Union (insgesamt 10 %), Indien (7 %), Russland (5 %), Japan (3 %), Korea (2 %), Kanada (2 %), Indonesien (2 %) und dem Iran (2 %). Alle anderen Länder verursachten etwa 25 % der Emissionen. Die 10 Länder mit den höchsten Kohlendioxidemissionen (in Millionen Tonnen (Mt)) sind:

1. China (9.300 Mio. t)
2. Die Vereinigten Staaten (4.800 Mio. t)
3. Indien (2.200 Mio. t)
4. Russland (1.500 Mio. t)
5. Japan (1.100 Mio. t)

6. Deutschland (718,8 Mio. t)

7. Korea (600 Mio. t)

8. Iran (567,1 Mio. t)

9. Kanada (547,8 Mio. t)

10. Saudi-Arabien (532,2 Mio. t)

(vgl. Anlage 1)

In dem Zeitraum zwischen 1960 und 2020 ist ein rasanter Anstieg des CO_2 Ausstoßes weltweit zu verzeichnen, Abbildung 2 verdeutlicht diese Entwicklung. Der Höhepunkt wurde dabei 2019 erreicht mit über 36 Milliarden Tonnen CO_2. Seit 2011 ist eines deutlich geringeren Wachstums des CO_2 Ausstoßes gemessen worden und im Jahr 2020 konnte erstmalig ein Rückgang der CO_2 Emissionen verzeichnet wurden, welcher jedoch nur teilweise den Maßnahmen gegen den Klimawandel und vorrangig der weltweiten pandemischen Lage zuzuschreiben ist.

CO2-Emissionen weltweit in den Jahren 1960 bis 2020
(in Millionen Tonnen)

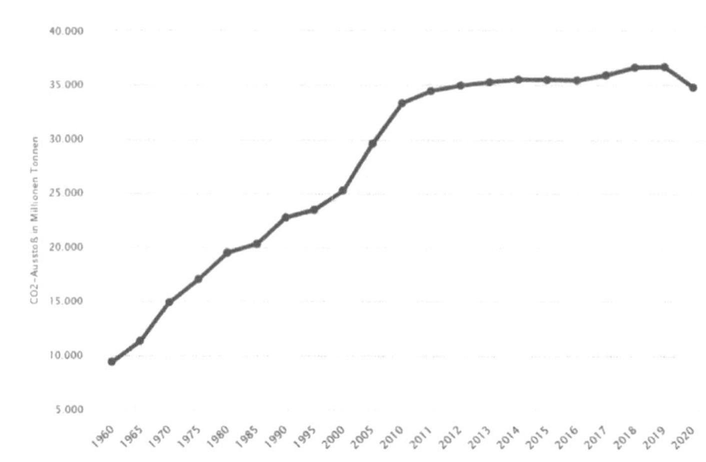

Abbildung 2: Weltweite CO2-Emissionen zwischen 1960 und 2020 (in Millionen Tonnen) Quelle: Global Carbon Project 2021

Die Abweichung der globalen Oberflächentemperatur im März 2022 war die fünfthöchste in der 143-jährigen Aufzeichnung und lag 0,95 °C über dem Durchschnitt des 20. Jahrhunderts. Dies war auch die höchste monatliche Temperaturabweichung seit November 2020. Die sieben wärmsten Märztage gab es seit 2015, während die 10 wärmsten Märztage seit 2002 auftraten. Der März 2022 war außerdem der 46. März in Folge und der 447. Monat in Folge mit Temperaturen, die zumindest nominell über dem Durchschnitt des 20. Jahrhunderts (vgl. Global Carbon Project 2021).

In der Abbildung 3 wird die globale Oberflächentemperatur im Vergleich zum Durchschnitt des 20. Jahrhunderts für jeden März von 1880 bis 2022 dargestellt. Unterdurchschnittlich kühle Monate sind blau eingefärbt, überdurchschnittlich warme rot. Die Märztemperaturen haben sich pro Jahrhundert um 1,53 Grad Fahrenheit (0,85 Grad Celsius) erwärmt. Das letzte Mal, dass die Erde einen überdurchschnittlich kühlen März hatte, war 1976.

Zwar gibt es historisch gesehen immer wieder Schwankungen in den Temperaturen, ein derartiger Anstieg ist jedoch eindeutig und hat drastische Auswirkungen auf das Klima.

Projektion der Häufigkeit von extremen Temperaturereignissen weltweit innerhalb eines halben Jahrhunderts aufgrund der globalen Erderwärmung ab 2021, nach Höhe des Temperaturanstiegs

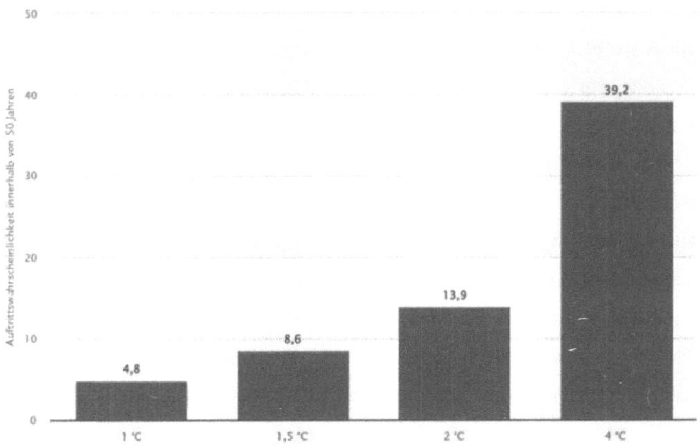

Abbildung 4: Projektion der Häufigkeit von extremen Temperaturereignissen weltweit innerhalb eines halben Jahrhunderts aufgrund der globalen Erderwärmung ab 2021, nach Höhe des Temperaturanstiegs Quelle: IPCC 2021

Durch den langfristigen Anstieg steigender Temperaturen werden extreme Wetterereignisse, wie z. B. Hitzewellen in den nächsten Jahren voraussichtlich häufiger und intensiver auftreten. Wie in Abbildung 4 dargestellt, folgen bei einer Erhöhung der Durchschnittstemperatur um 1 Grad Celsius extreme Temperaturereignisse. Die Häufigkeit des Auftretens solcher Temperaturereignisse lag vor der industriell geprägten Zeit deutlich unter dem heutigen Niveau. Besondere Ereignisse traten dabei nur alle 50 Jahre auf. Durch die Klimaentwicklung wird das Auftreten im Schnitt rund fünfmal häufiger erwartet. Weitet sich die Erwärmung auf 4 Grad Celsius aus, können sich derartige extreme Temperaturereignisse 39-mal häufiger ereignen (vgl. IPCC 2021).

Wie in der Einleitung bereits erläutert wurde, führt ein Anstieg der Durchschnitttemperatur zu Veränderungen im Klima, die sich durch Naturkatastrophen bemerkbar machen. Ein repräsentatives Beispiel für die steigende Anzahl von Naturkatastrophen ist das Auftreten von tropischen Stürmen. In Abbildung 5 wird eine Entwicklung von zusätzlich 1,60 Stürme je Jahrzehnt im Zeitraum von 1878 – 2006 und ein Zuwachs von 4,39 Stürme je Jahrzehnt von 1900 – 2006 verzeichnet. Neben der Anzahl an tropischen Stürmen ist die Gewalt der Naturkatastrophen insbesondere Hurrikane einer Reihe von Einflüssen des Klimawandels ausgesetzt. Wärmere Meeresoberflächentemperaturen könnten die Windgeschwindigkeiten von Tropenstürmen verstärken, was zu größeren Schäden führen könnte, sobald diese das Land erreichen. Der Anstieg des Meeresspiegels wird wahrscheinlich dazu führen, dass künftige Küstenstürme, einschließlich Hurrikane, mehr Schaden anrichten. Die von Wirbelstürmen betroffenen Gebiete verschieben sich polwärts. Dies steht wahrscheinlich im Zusammenhang mit der Ausdehnung der Tropen aufgrund der höheren globalen Durchschnittstemperaturen (Quelle EPA 2020).

2.3. Ziele und Maßnahmen gegen den Klimawandel

Die Bedeutung einer Klimapolitik war bis vor einigen Jahren für Nationen von geringer Relevanz. Wie in Abbildung 2 dargestellt wurde, gehören zu den weltweit größten Verursachern von CO_2 Ausstoß, die USA, China und die EU-Staaten.

Die Staaten der Europäischen Union haben es sich zum Ziel gemacht, bis zum Jahr 2050 klimaneutral zu werden. Auch andere Industrienationen, wie die USA und China haben sich beim Klimagipfel im Jahr 2021 zumindest zu den Klimazielen des Pariser Abkommens bekannt (vgl. Bundesministerium für wirtschaftliche Zusammenarbeit und Entwicklung 2022).

Dabei gehen Industrieländer wie Deutschland mit gutem Beispiel voran, um ihren CO_2 Ausstoß zu reduzieren. Konkret zielen die Aktivitäten auf die Minderung von Treibhausgasemissionen, zu diesen gehören unter anderem:

- Klimaneutrale Energieerzeugung
- Waldschutz
- Klimafreundliche Mobilität

Neben der Reduzierung von CO2-Emissionen, wächst auch die Bedeutung der Anpassung an die sich veränderten Lebensbedingungen durch den Klimawandel schon eingetretenen Veränderungen des Klimas wie z.B:

- verbessertes Wasserressourcenmanagement
- klimaresiliente Landwirtschaft
- Klimarisikoanalysen und Versicherungen gegen Klimaschäden

Die Industrieländer haben außerdem zugesagt, die Entwicklungs- und Schwellenländer, die oft besonders vom Klimawandel betroffen sind, bei der Umsetzung der Pariser Ziele für Klimaschutz und Anpassung zu unterstützen. Diese Anstrengungen werden nicht nur zum Klimaschutz beitragen, sondern auch neue Chancen für die wirtschaftliche Entwicklung und den sozialen Fortschritt in unseren Partnerländern eröffnen. Für die Umsetzung des Pariser Abkommens ist es von entscheidender Bedeutung, dass auch in den Schwellen- und Entwicklungsländern Klimamaßnahmen ergriffen werden, da sie inzwischen rund zwei Drittel der weltweiten Emissionen verursachen (vgl. Bundesministerium für wirtschaftliche Zusammenarbeit und Entwicklung 2022).

3. Digitalisierung

3.1 Abgrenzung von Begrifflichkeiten der Digitalisierung

Für den Begriff Digitalisierung gibt es verschiedene Definitionen. Für die weitere Betrachtung werden verschiedene Bedeutungen abgegrenzt. Die Menschheit strebt seit jeher nach Technologien zur Speicherung von Informationen, zur Übertragung über größere Entfernungen und schnelleren Verarbeitung der Informationen.

Digitalisierung von analogen Inhalten

Eine Definition der Digitalisierung ist der Prozess der Umwandlung von analoger in digitale Form sowie Durchführung von Information und Kommunikation. Alles, was gespeichert werden kann, kann auch übertragen werden und umgekehrt. Und weil alles in digitaler Form gespeichert und übertragen wird, kann es auch algorithmisch verarbeitet werden (vgl. Gartner 2022). In der Praxis ist es am einfachsten Digitalisierung zu verstehen, wenn man verschiedene Formen von Inhalten betrachtet, die von einem analogen in ein digitales Format umgewandelt wurden. Die Einführung von hochauflösenden Scannern führte zu einer Umwandlung von analogen Daten in digitale, indem Papierarchive in digitale Archive umgewandelt wurden. (Savić, 2019). Dies ermöglichte eine kostengünstige Art der Speicherung und Verbreitung von Dokumenten, welche früher nur in Papierform vorlagen. Entscheidend ist hier, dass die Informationen digitalisiert werden, nicht aber die Prozesse.

Digitalisierung im unternehmerischen Kontext

Eine weitere Definition der Digitalisierung ist die Beschreibung im unternehmerischen Kontext. Darunter versteht man den Einsatz digitaler Technologien zur Veränderung eines Geschäftsmodells und zur Erschließung neuer Umsatz- und Wertschöpfungsmöglichkeiten. Es ist der Prozess des Übergangs zu einem digitalen Unternehmen (vgl. Gartner 2021). Ein Beispiel dafür ist die Veränderung des Geschäftsmodells des Streaming Anbieters Netflix. Durch die Digitalisierung werden die Inhalte auf einer Streaming Plattform angeboten und nicht weiter als DVD für ihre Kunden angeboten.

Digitalisierung im Kontext der Arbeit und sozialen Bereichs

Unter der Digitalisierung im Kontext der Arbeit ist ein Wandel der Arbeitsplätze zu verstehen. Kompetenzen, die mit einer Tätigkeit einhergehen verändern sich und werden durch neue

Anforderungen ersetzt. Dies wird stark von der Automatisierung beeinflusst. Wenn ein Prozess im Unternehmen digitalisiert wird, folgt mit hoher Wahrscheinlichkeit die Automatisierung des Arbeitsplatzes. Diese Definition konzentriert sich neben dem wirtschaftlichen Aspekt auch auf den sozialen Bereich. Interaktionen verlagern sich beispielsweise von Interaktionen wie dem Schreiben eines Briefes in analoger Form zu einer digitalen Form der Kommunikation über E-Mail oder Online-Chats. (vgl. Brennen & Kreiss, 2016, S. 24ff.).

Digitale Transformation

Der finale Schritt der Digitalisierung ist die digitale Transformation. Hewlett Packard definiert sie als: "[…] der Prozess der Integration digitaler Technologie in alle Aspekte des Geschäfts, was Grundlegende Veränderungen in Technologie, Kultur, Betrieb und Wertschöpfung." (Hewlett Packard, 2020). Dabei ist der Unterschied zwischen den zuvor dargelegten Definitionen der Digitalisierung zur digitalen Transformation beträchtlich. Die digitale Transformation kann ein Unternehmen nicht einfach als ein Projekt umsetzen. Die digitale Transformation ist eine grundlegende Veränderung des Unternehmens. Es ist eine komplette Neuerfindung des Unternehmens und der Strategie mit dem Ziel, dem Kunden Mehrwert zu bieten. (vgl. Kröhling 2017, S.23 ff.)

3.2 Bereiche der Digitalisierung

Die Digitalisierung ist in der breiten Bevölkerung und dem Alltag angekommen, sie beschränkt sich nicht nur auf die Effizienzsteigerung von Produktionsverfahren und Geschäftstätigkeiten, sondern auch auf den privaten Gebrauch. Während Videokonferenzen die Geschäftsbeziehungen von Unternehmen verbessern, sind diese längst im Wohnzimmer angekommen, indem Kinder bereits per Facetime mit ihren Freunden kommunizieren.

Wenn sich diese Geschehnisse der Digitalisierung im gleichen Tempo der letzten Jahre weiterentwickeln, wird die Bedeutung digitaler Technologie noch weiter zunehmen. Die zunehmende Vernetzung der Systeme erhöht auch die internationale Zusammenarbeit und gleichsam den internationalen Wettbewerb. Durch Märkte mit hohem Wettbewerbsanteil setzen sich wiederum Innovationen durch, die neue Marktgleichgewichte schaffen. Die Digitalisierung beeinflusst alle Lebensbereiche und Industrien. Bei der Verbreitung und Adaption unterschiedlicher Technologien sind die nachfolgenden Trends von besonderer Bedeutung:

- Zunahme digitaler Endgerate
- Zunehmende Datengeschwindigkeit
- Zunehmende Datengenerierung
- Zunehmender Einsatz von künstlicher Intelligenz

(vgl. Gensch et al., 2021, S.12-14).

3.3. Ausmaß der Entwicklungen der Digitalisierung

Die Einflüsse durch die Digitalisierung und ihr Ausmaß ist gewaltig. Als Bewohner der westlichen Welt ist man an neue Entwicklungen und deren Adaption gewöhnt, da man jeden Tag von der digitalen Welt umgeben ist. Viel deutlicher sind die Veränderungen in Entwicklungsländern, dort sind die Adaptionen der Digitalisierung deutlicher zu spüren. Abbildung 6 verdeutlicht die Anzahl von Mobilfunkanschlüssen weltweit aufgeteilt nach Regionen. Im Jahr 2005 konnten in Europa 580 Millionen Anschlüsse verzeichnet werden. In den Regionen Nord- und Lateinamerika waren es 459 und in Afrika und Asien Pazifik 87 bzw. 833 Millionen. Durch die rasante Weiterentwicklung der Digitalisierung konnte ein starker Anstieg der Zahlen verzeichnet werden. Während die Zahlen in Europa mit 811 Millionen Anschlüssen im Jahr 2021 ein eher moderates Wachstum zuzuschreiben ist, ist dies auf die bereits verbreiteten Anschlüsse in den Vorjahren und eine Sättigung zurückzuführen. Außerdem ist in einigen hochentwickelten Ländern des Westens ein Rückgang der Bevölkerung zu verzeichnen. Anders sieht es in den Regionen Asien Pazifik und Afrika aus. In Afrika ist ein Anstieg auf 908 Millionen und in Asien Pazifik auf 4877 Mobilfunkanschlüsse zu erkennen. Die Entwicklungen hängen auch mit der sehr jungen Bevölkerung, sowie des starken Bevölkerungswachstums zusammen (vgl. Tenzer 2021).

Anzahl der Mobilfunkanschlüsse weltweit nach Regionen von 2005 - 2021

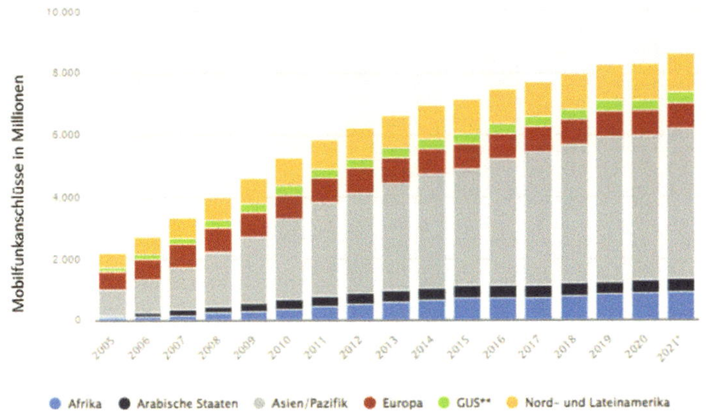

Abbildung 6: Anzahl der Mobilfunkanschlüsse weltweit nach Regionen Quelle: Tenzer 2021

Nach einem Report von Ericsson Mobility wird die Anzahl der Mobilfunkanschlüsse die 5G verwenden, im Jahr 2022 eine Milliarde überschreiten. In Europa gibt es 81 Mio.

Mobilfunkanschlüsse, Nordamerika rund 163 Mio. und Asien 897 Mio. Die Prognose von Ericsson Mobility besagt weiterhin, dass bis 2027 die Anzahl der Anschlüsse auf rund 4,4 Milliarden steigen. Die Technologie ist ein bedeutender Fortschritt der Digitalisierung und weist in beispielhaften Daten eine doppelt so schnelle Geschwindigkeit auf wie 4G.

5G ist das grundlegende Element der künftigen digitalen Wirtschaft, die zur Schaffung von Arbeitsplätzen und einem nachhaltigen globalen Wachstum beitragen wird (vgl. Campbell, Diffley 2017, S. 10). Es wird erwartet, dass 5G-Ära-spezifische Kommunikationsnetze auch eine wichtige soziale Rolle spielen. Menschen, Maschinen und Dinge werden in großem Umfang miteinander verbunden. Dazu gehört beispielsweise die Bereitstellung personalisierter Gesundheitsfürsorge, die Optimierung von Transport und Logistik und den verbesserten Zugang zu Kultur und Bildung (vgl. Sony Ericsson 2021).

Im Rahmen der Digitalisierung ist ein weiterer wichtiger Aspekt die Verarbeitung von großen Datenmengen. Unter Big Data versteht man Daten, die so groß, schnell oder komplex sind, dass sie mit herkömmlichen Methoden nur schwer oder gar nicht verarbeitet werden können. Der Zugriff auf große Datenmengen und deren Speicherung zu Analysezwecken, ist schon seit langem bekannt. Das Konzept von Big Data gewann jedoch in den frühen 2000er Jahren an Bedeutung. Durch Big Data können wir Daten und schnelllebige Vorgänge aus den meisten Quellen überwachen, was bedeutet, dass wir sofort handeln können, um die Leistung zu optimieren, Informationen zu schützen und insbesondere Betrug zu verhindern.

Prognose zum Volumen der jährlich generierten digitalen Datenmenge weltweit in den Jahren 2018 und 2025

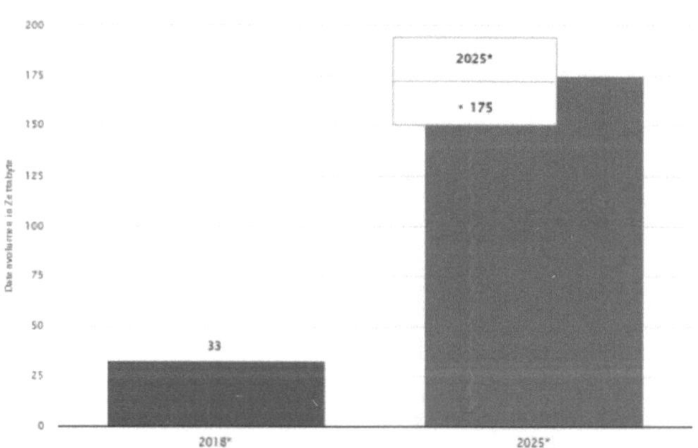

Abbildung 9: Prognose zum Volumen der jährlich generierten digitalen Datenmenge weltweit in den Jahren 2018 und 2025

Ein Zettabyte ist eine Maßeinheit für Speicherkapazität und steht für 10^{21} Bytes. Im Jahr 2018 wurden weltweit rund 33 Zettabyte an Daten generiert, es wird prognostiziert, dass diese Anzahl sich im Jahr 2025 auf rund 175 Zettabyte erhöhen wird. Um diese großen Datenmengen zu nutzen, benötigt es einen weiteren technologischen Trend.

Die Fähigkeit der KI, fachkundig mit Datenanalysen zu arbeiten, ist der Hauptgrund dafür, dass Knstliche Intelligenz und Big Data heute scheinbar untrennbar miteinander verbunden sind.

Künstliche Intelligenz beschreibt die Fähigkeit von Maschinen, Aufgaben auf der Grundlage von Algorithmen selbständig auszuführen und auf unbekannte Situationen adaptiv zu reagieren. Ihr Verhalten ähnelt damit dem des Menschen: Sie führen nicht nur sich wiederholende Aufgaben aus, sondern lernen auch aus Erfolgen und Misserfolgen und passen ihr Verhalten entsprechend an. In der Zukunft werden Maschinen mit künstlicher Intelligenz (AIM) in der Lage sein, zu denken und zu kommunizieren wie Menschen (vgl. Investopedia 2021).

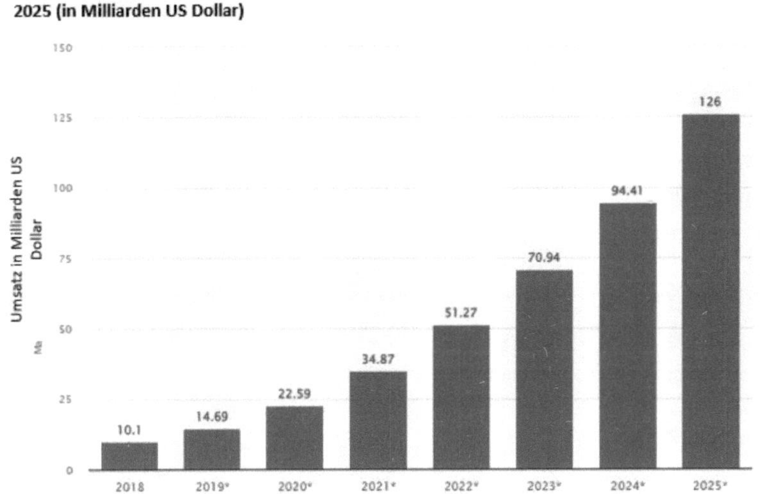

Abbildung 10: Prognostizierter Umsatz mit KI-Anwendungen weltweit (in Mrd. US-Dollar) Quelle: Tractica 2018

Der weltweite Umsatz wird im laufenden Jahr auf über 51 Milliarden US-Dollar geschätzt, die Prognose besagt für das Jahr 2025 mehr als doppelt so viel. Dieser Umsatz ist dabei zu 47 Prozent nordamerikanische Unternehmen zuzuschreiben. Europa und Asien verzeichnen jeweils etwa ein Viertel der Marktleistung (vgl. Grand View Research 2020).

4. Auswirkungen der Digitalisierung im Kontext der Klimakrise

Der Einfluss der Digitalisierung auf den Klimawandel ist ein umstrittenes Thema und es ist nicht klar, wie die Auswirkungen in Zusammenhang stehen. Während die Effekte des durch den Menschen entstandenen Treibhauseffekts deutlich durch Wissenschaftler vorherzusagen ist, sind die ökonomischen, ökologischen und sozialen Auswirkungen der Digitalisierung bisher schwieriger prognostizierbar. Die Digitalisierung ist ein Treiber des voranschreitenden Fortschrittes der Weltwirtschaft. Wie in dem vorherigen Kapitel gezeigt wurde, werden durch die Trends der Digitalisierung weitere Ökonomische Meilensteine erreicht und die Geschäftsprozesse weiter optimiert, um weiteren Wachstum der Wirtschaft zu ermöglichen. Der Einfluss der Digitalisierung bezieht sich dabei besonders auf Möglichkeiten, um Informationen zu erfassen, speichern, verarbeiten und übertragen. Mithilfe Digitaler Technologien besteht die Möglichkeit, dass Produktionsverfahren und Konsumentenverhalten so verändert wird, dass weitreichende Steigerungen der Effizienz realisiert werden können. Bereiche mit besonderem Einsparpotenzial sind:

- Fertigung
- Energie
- Verkehr
- Gebäude,
- Industrie,
- Technologien,
- Land- und Forstwirtschaft
- Menschliche Siedlungen

Diese sind in Deutschland verantwortlich für mehr als 95 % der CO_2 Emissionen im Jahr 2019, daher werden diese als größte CO_2 Einsparpotenziale bewertet. Im nachfolgenden Kapitel werden die Bereiche mit den größten Einsparpotenzial genauer untersucht.

4.1. Chancen und Stärken

Die Fortschritte der Digitalisierung bieten neue Funktionalitäten, um zusätzliche Informationen für Entscheidungsprozesse zu liefern. Weiterhin erhöhen sie die Produktivität und Effizienz. Dadurch kann eine bessere Wiederverwendbarkeit garantiert werden. Darüber hinaus treibt die Digitalisierung Innovationen für Geschäftsmodelle und Produktionsprozesse voran, welche auch die Art und Weise der Arbeit und Kollaboration revolutioniert. Die Möglichkeiten, die dadurch entstehen werden, fordern mehr Mobilität und unterstützen letztlich eine schnellere Entscheidungsfindung (Marquardt 2017, S. 71).

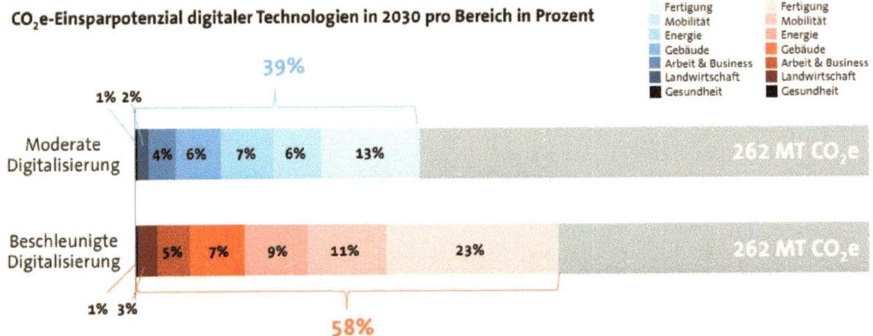

Abbildung 11: CO₂ – Einsparpotenzial digitaler Technologien im Jahr 2030 pro Bereich in Prozent Quelle: Bitkom 2020

Abbildung 11 stellt konkrete Einsparpotenziale in Schlüsselbranchen dar, die zur Einsparung von CO₂ Emissionen einen erheblichen Beitrag liefern.

Fertigung

Im Bereich der industriellen Fertigung kann durch die Digitalisierung das größte CO2-Einsparpotenzial verzeichnet werden. Bis zu dem Jahr 2030 können hier bis zu 61 Megatonnen CO₂ eingespart werden. Dies entspricht einer Einsparung von 10 – 16% der erwarteten Emissionen des Industriezweigs. Neben bekannten Maßnahmen, wie der Automatisierung der Produktion, tragen neue Innovationen wie die Verwendung Digitaler Zwillinge zur Reduzierung der Emissionen bei. Ein digitaler Zwilling stellt ein Produkt, Maschinen oder Komponenten dar, die mit Hilfe Digitaler Werkzeuge modelliert werden. Sie beinhalten dabei sämtliche Geometrie-, Kinematik- und Logistikdaten und helfen bei der Simulation physischer Vorgänge über den gesamten Produktionszyklus hinweg. (vgl Frauenhofer 2022) Durch den Einsatz Digitaler Zwillinge können durch Simulation & Optimierung von physikalischen Produkten/Prozessen vermieden werden.

Energie

Der Energieversorgungssektor stellt den größten Beitrag der weltweiten Treibhausgasemissionen und das zweitgrößte Einsparpotenzial mit 8 bis 10% der erwarteten Elektrizitätsemissionen im Jahr dar. Ein Beispiel für den Einsatz der Digitalisierung im Energiesektor sind Intelligente Stromnetze auch Smart-Grids genannt. Diese kombinieren Erzeugung, Speicherung und Verbrauch. Im Mittelpunkt steht dabei zentrale Steuerungskomponente, die die Stromnetze optimal aufeinander abstimmt und somit Leistungsschwankungen, wie sie besonders bei fluktuierenden erneuerbaren Energien auftreten, im Netz aus. Für die notwendige Vernetzung sorgen Informations- und Kommunikationstechnologien (IKT) sowie dezentral organisierte Energiemanagementsysteme, mit deren Hilfe die Koordination der einzelnen Komponenten ermöglicht wird (vgl. Umweltverband 2013).

Verkehr

Im Verkehrssektor gibt es unterschiedliche Ansätze zur Optimierung der derzeitigen Situation. Dazu gehören die Verbesserung der Fahrzeug- und Motorkonstruktion zur Steigerung der Energieeffizienz. Digitale Technik ermöglicht weiterhin, dass Fahrzeuge, Personen und ihre Umgebung miteinander vernetzt werden. Die Verkehrsteilnehmer können dadurch auf Informationen über Verbindungen, Staus und Störungen zugreifen. Durch die Verwendung von intelligenter Verkehrssteuerung kann der Straßenverkehr effizienter und sicherer gelenkt werden. Datenanalysen mit Rückgriff auf Künstliche Intelligenz helfen dabei, mögliche Gefahrenstellen frühzeitig zu identifizieren und zu entschärfen. Außerdem werden durch die optimierten Verkehrsströme Staus, Lärm und Abgase reduziert werden (vgl. Forschungs-Informations-System 2019).

Gebäude

Um den Klimazielen gerecht zu werden, ist eine Senkung des Energiebedarfs in neuen Gebäuden, sowie eine Nachrüstung bestehender Gebäude zur Verringerung des Energieverbrauchs von Nöten. Mithilfe der Digitalisierung können z.B. durch die Integration von Smart Homes und vernetzten Gebäuden, diese Effekte erzielt werden. Smart Homes sind Häuser oder Wohnungen, die durch informations- und sensortechnische Aufrüstung in sich selbst und nach außen sind? Von Vernetzten Gebäuden spricht man hingegen, wenn nicht das private Zuhause, sondern Zweckgebäude betroffen sind, wie z.B. Bürohäuser, Flughäfen oder Einkaufszentren, das Ziel ist dabei jedoch das gleiche wie bei Smart Homes. Durch den Einsatz dieser Technologien können im Jahr 2030 8-12% in Smart Homes und Zweckgebäuden, sowie von Smart Meter oder intelligenten Belüftungs- und Klimaanlagen ermöglicht werden (vgl. Bitkom 2020).

4.2. Risiken und Schwächen

Neben den positiven Zusammenhängen der Digitalisierung und dem Einfluss auf die Klimakrise, wird diese andererseits auch mit negativen Auswirkungen in Relation gesetzt.

So zeigen eine Vielzahl von Studien und Publikationen, dass die Auswirkungen auf einzelne Branchen, Bevölkerungsgruppen und Regionen einen negativen Effekt auf. Besonders der steigende Energiebedarf wird dabei aufgeführt (vgl. Pohl und Finkbeiner, S. 3ff.). Ein Bericht von Greenpeace im Jahr 2017 verzeichnet einen Anteil der IT-Industrie von 7% des weltweiten Energieverbrauchs. Weiterhin wird Studien zufolge der Stromverbrauch aufgrund von erhöhtem Bedarf von Servern, Standby Betrieb oder auch der Netzanbindung bis zum Jahr 2025 verdreifacht (vgl. Mattke 2019).

Ein weiterer Aspekt ist der erhöhte Abbau von seltenen Rohstoffen, die benötigt werden, um dem steigenden Bedarf an Elektrogeräten gerecht zu werden. Zu diesen Abbauprodukten gehören beispielsweise Lithium, Kobalt, Grafit, Kupfer und seltene Erden. Die Abbauprodukte werden meist unter schlechten Arbeitsbedingungen in armen Ländern erwirtschaftet (vgl. Marquardt 2020, S.75 ff.).

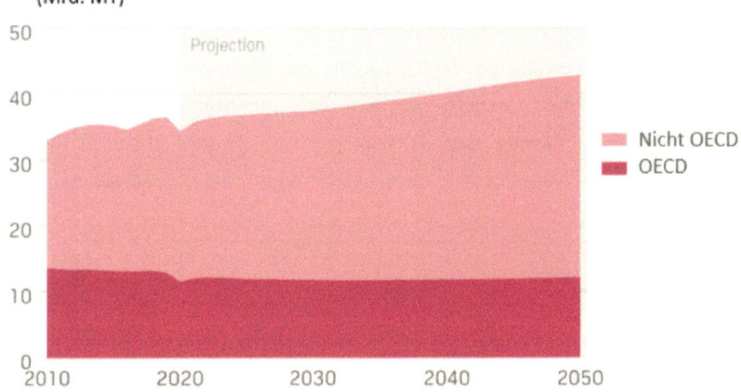

Abbildung 13: CO₂ Emissionen durch Stromverbrauch seit 2010 mit Prognose bis 2050 Quelle: EIA International Energy Outlook 2021

In der Grafik wird der weltweite Anteil des Stromverbrauches an den CO₂ Emissionen seit 2010 bis heute inklusive der Prognose bis zum Jahr 2050 gezeigt. Mit steigender Digitalisierung nimmt auch der Bedarf an Energie zu. Die in Kapitel 4.1 dargestellten positiven Nettoeffekte der Digitalisierung können durch die Risiken der Digitalisierung in einem „Rebound-Effekt" enden. Bei einem Rebound-Effekt kann zwischen einem direkten und einem indirekten Rebound-Effekt unterschieden werden.

Direkte Rebound-Effekte treten auf, wenn Energieeffizienzgewinne zu einer höheren Nachfrage in demselben Bereich führen. Ein Beispiel dafür ist die mögliche Hausisolation durch den Bewohner, der anschließend die Heizung so verwendet, dass die durchschnittliche Temperatur im Haus höher ist als vor der Renovierung.

Indirekte Rebound-Effekte treten auf, wenn Effizienzgewinne in einem Bereich zu einem höheren Ressourcenverbrauch in anderen Bereichen führen. Beispielsweise kann eine niedrigere Heizkostenrechnung nach einer Gebäudedämmung finanziellen Spielraum für eine neue, energieintensivere Beleuchtung im Haus oder für Fernreisen schaffen (vgl. Marquardt 2020, S.75).

5. Zusammenfassung und Fazit

Die Analyse verschiedener Quellen der Literatur haben gezeigt, dass die Themen Klimaschutz und Digitalisierung eine hohe Relevanz in der Gesellschaft besitzen und dabei eng miteinander verbunden sind. Der Einfluss des Menschen auf die globalen THG sind dabei unumstritten, ebenso wie die zukünftigen Auswirkungen auf den Planeten und seine Bewohnbarkeit. Aufgrund der Technisierung, Vernetzung und Digitalisierung wir es ermöglicht, eine große Menge an Daten zu sammeln und durch die Netzgeschwindigkeit global zu verteilen. Somit können Erkenntnisse und Forschungsergebnisse, die die Umwelt und das Klima betreffen, ressourcenschonende und effizientere Herstellungs- und Produktionsprozesse hervorbringen.

Andererseits belastet die voranschreitende Digitalisierung die Umwelt durch den erhöhten Energiebedarf und dem Rebound-Effekt. Um die negativen Auswirkungen reduzieren zu können und gleichzeitig den nutzbringenden Einsatz der Technologien zu fördern, benötigt es eine verantwortungsvolle, strategisch ausgerichtete und nachhaltige Handlungsinitiativen durch Wirtschaft, Politik und Gesellschaft.

V. Literaturverzeichnis

Birkmann, J., et al (2013). Glossar Klimawandel und Raumentwicklung. (URL: https://dnb.info/103111162X/34 [Stand: 14.05.2022]).

Brennen, J. S., & Kreiss, D. (2016). Digitalization. Wiley Online Library
Bitkom (2020): Klimaeffekte der Digitalisierung Studie zur Abschätzung des Beitrags digitaler Technologien zum Klimaschutz. (URL: https://www.bitkom.org/sites/default/files/2021-03/bitkom_studie_klimaeffekte-der-digitalisierung_final_210318.pdf)

Bundesministerium für wirtschaftliche Zusammenarbeit und Entwicklung (2022). Klimawandel und Entwicklung. (URL: https://www.bmz.de/de/entwicklungspolitik/klimawandel-und-entwicklung [Stand: 14.05.2022]).

Campbell, K. et al. (2021): The 5G Economy: How 5G Technology Will Contribute to the Global Economy. (URL: https://cdn.ihs.com/www/pdf/IHS-Technology-5G-Economic-Impact-Study.pdf [Stand: 14.05.2022]).

Climate Copernicus (2022): Global climate report for March 2022. (URL: https://climate.copernicus.eu/surface-air-temperature-january-2022#:~:text=Globally%2C%20January%202022%20was%3A,and%202016%2C%20the%20warmest%20Januaries [Stand: 14.05.2022]).

Digitale Transformation Hawlett Packard Enterprise. (URL:https://www.hpe.com/de/de/what-is/digital-transformation.html [Stand: 14.05.2022]).

EPA (2020): Climate Change Indicators: Tropical Cyclone Activity (URL: https://www.epa.gov/climate-indicators/climate-change-indicators-tropical-cyclone-activity [Stand: 14.05.2022]).

Ericsson (2021): 5G consumer potential - Busting the myths around the value of 5G for consumers (URL: https://www.ericsson.com/en/reports-and-papers/consumerlab/reports/5g-consumer-potential [Stand: 14.05.2022]).

Forschungs-Informations-System (2019): Zukunftstechnologien der Verkehrssteuerung. (URL: https://www.forschungsinformationssystem.de/servlet/is/507378/ [Stand: 14.05.2022]).

Frauenhofer Institut (2021): Digitaler Zwilling. (URL: https://www.iosb.fraunhofer.de/de/geschaeftsfelder/automatisierung-digitalisierung/anwendungsfelder/digitaler-zwilling.html [Stand: 14.05.2022]).

Gartner IT-Glossary (2022) Digitalisierung. (URL: https://www.gartner.com/en/information-technology/glossary/digitalization [Stand: 14.05.2022]).

Grand View Research 2020: Artificial Intelligence Market Size. Share & Trends Analysis Report By Solution (URL: https://www.grandviewresearch.com/industry-analysis/artificial-intelligence-ai-market [Stand: 14.05.2022]).

Häckel, H. (2016): Meteorologie. Verlag Eugen Ulmer, Stuttgart

Investopedia (2021): Artificial Intellicence (AI). (URL: https://www.investopedia.com/terms/a/artificial-intelligence-ai.asp [Stand: 14.05.2022]).

IPCC (2021): 1,5 °C Globale Erderwärmung https://www.ipcc.ch/site/assets/uploads/2020/07/SR1.5-SPM_de_barrierefrei.pdf [Stand: 14.05.2022]).

Gensch, C. et al. (2021): Deutschland auf dem Weg zur Klimaneutralitat. Welche Chancen und Risiken ergeben sich durch die Digitalisierung? (URL: https://www.kfw.de/PDF/Download-Center/

Global Carbon Project (2021): Weltweite CO2-Emissionen zwischen 1960 und 2020 (URL: https://www.globalcarbonproject.org/carbonbudget/21/highlights.htm [Stand: 14.05.2022]).

Konzernthemen / Research / PDF - Dokumente - Studien - und - Materialien / KfW _ Digitalisierung _Klimaschutz.pdf [Stand: 14.05.2022]).

Kröhling, A (2017): Digitalisierung. Technik für eine nachhaltige Gesellschaft. Springer Berlin, Heidelberg

Mattke, S., (2019): Wie Digitalisierung das Klima belastet. (URL: https://www.heise.de/tr/artikel/Wie-Digitalisierung-das-Klima-belastet-4339249.html [Stand: 14.05.2022]).

Marquardt, K. (2020): Nachhaltigkeit und Digitalisierung. Nachhaltiges und verantwortungsvolles Business im Kontext von Digitalisierung und Innovation, Springer, Wiesbaden

Oluyomi A. et al. (2020): The Impact of Energy Consumption and Economic Growth on Carbon Dioxide Emissions. Sustainability 2020, 12(19), 7965, MDPI

Open Signal (2020): 5G Download Geschwindigkeit. (URL: https://www.opensignal.com/2020/10/13/benchmarking-the-global-5g-user-experience-october-update [Stand: 14.05.2022]).

Pohl, J., Finkbeiner, M. (2017): Digitalisation for sustainability? Challenges in environmental assessment of digital services. Gesellschaft für Informatik, S. 1995–2000, Bonn

Smit, B. et al. (1999): The Science of Adaptation: A Framework for Assessment. Mitigation and Adaptation Strategies for Global Change, 4. Auflage, 199-213, Springer, Wiesbaden

Tenzer, F. (2021). Anzahl der Mobilfunkanschlusse weltweit von 1993 bis 2021.(URL: https://de -
statista -
com . pxz . iubh . de : 8443 / statistik / daten / studie / 2995 / umfrage / entwicklung - der - weltweiten
-
mobilfunkteilnehmer-seit-1993/[Stand: 14.05.2022]).

Umweltbundesamt (2022): Smart Grid (URL: https://www.umweltbundesamt.de/service/uba-fragen/was-ist-ein-smart-grid [Stand: 14.05.2022]).
Wirtschaftslexikon Gabler (2020): Smart Home. (URL: https://wirtschaftslexikon.gabler.de/definition/smart-home-54137 [Stand: 14.05.2022]).

IV. Anlagenverzeichnis

Anlage 1: Darstellung der weltweiten CO₂ Emissionen pro Land im Jahr 2022

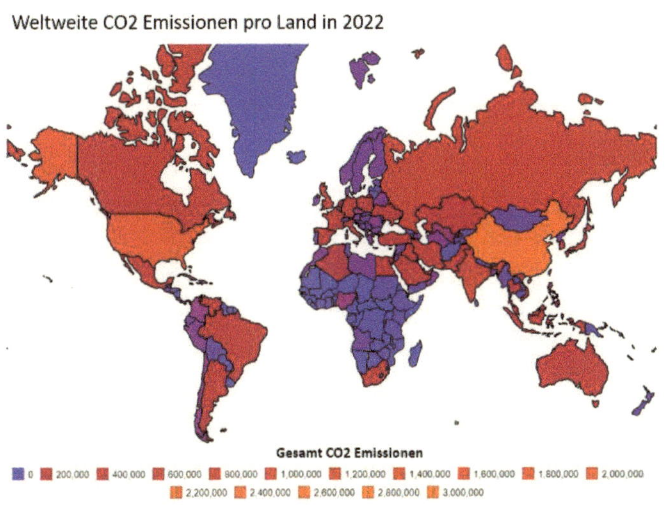

Abbildung 1.: CO2-Emissionen weltweit in den Jahren 1960 bis 2020 (in Millionen Tonnen) (Global Carbon Project 2021)

Anlage 2: Grafische Darstellung der globalen Temperaturen des Monats März

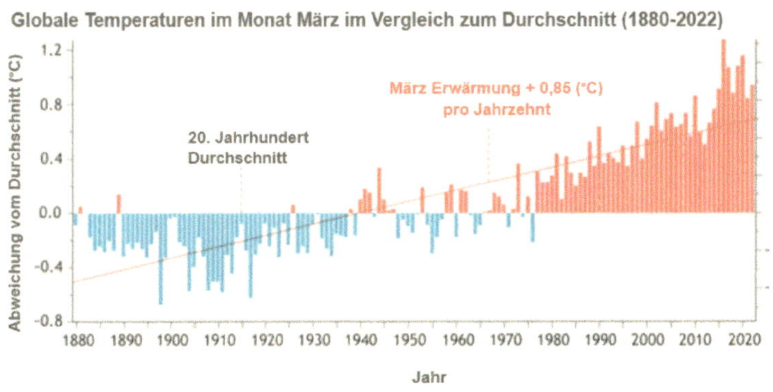

Abbildung 3: Globale Temperaturen des Monats März (1880-2022) Quelle: Eigene Darstellung in Anlehnung an NOAA NCEI Climate 2021

Anlage 3: Darstellung der Entwicklung der Anzahl von Atlantischen Stürmen

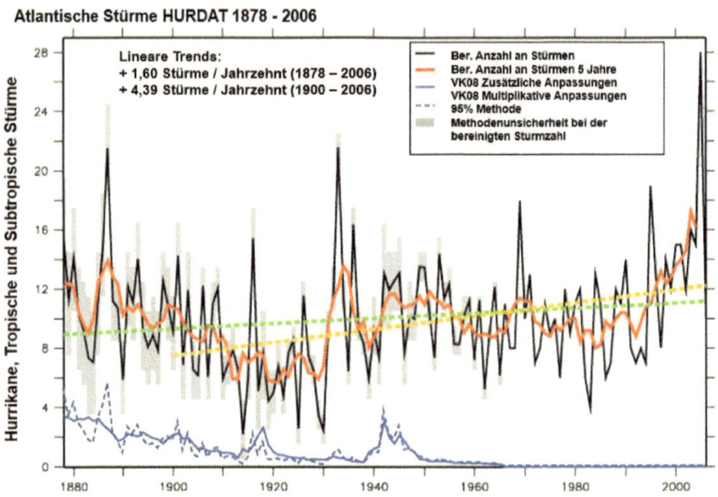

Abbildung 5: HURDAT Climate Change Indicators Quelle: Eigene Darstellung in Anlehnung an EPA 2020

Anlage 4: Überblick über die Durchschnittliche Download-Geschwindigkeit von 4G und 5G (in Mbps)

Die 5G-Geschwindigkeits-Revolution

Durchschnittliche Download-Geschwindigkeit
von 4G und 5G (in Mbps)

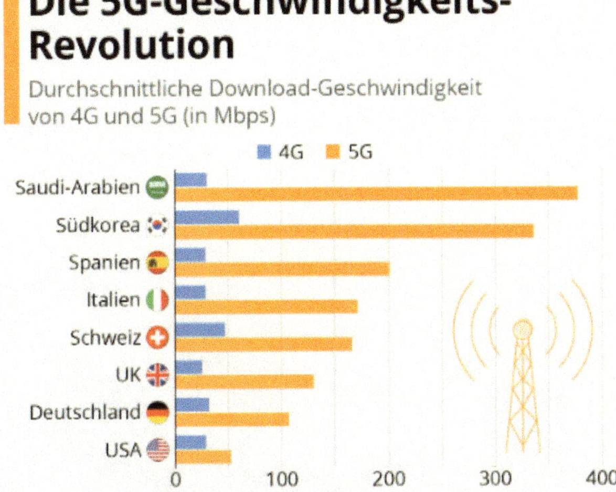

Abbildung 7: Durchschnittliche Download-Geschwindigkeit von 4G und 5G (in Mbps) Quelle: Opensignal

Anlage 5: Geschätzte Anzahl Mobilfunkanschlüsse für das Jahr 2022 und einer Prognose für das Jahr 2027

Geschätzte Anzahl Mobilfunkanschlüsse 2022 und Prognose für 2027

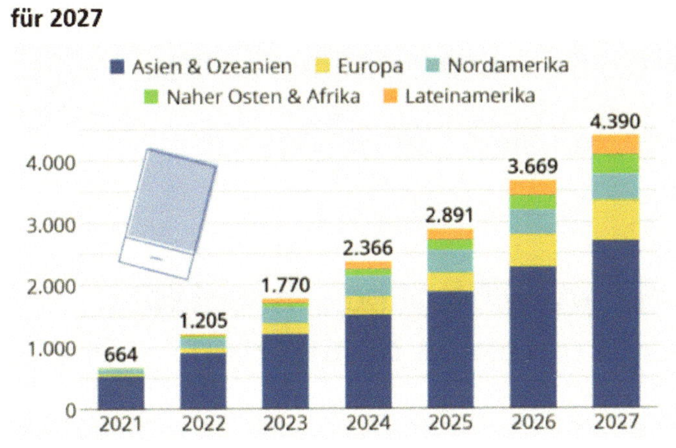

Abbildung 8: Geschätzte Anzahl Mobilfunkanschlüsse 2022 und Prognose für 2027